Sichuan Kuangye Xueyuan JIANXIAO BANXUE SHEYING JISHI

四川矿业学院建校办学 摄影纪实

陆作兴 等 摄

本书编写组 编

中国矿业大学出版社
• 徐州 •

图书在版编目（CIP）数据

四川矿业学院建校办学摄影纪实 / 本书编写组编.
徐州：中国矿业大学出版社, 2024. 10. — ISBN 978-7-5646-6275-2

Ⅰ. TD-40

中国国家版本馆CIP数据核字第2024FQ6485号

书　　名 **四川矿业学院建校办学摄影纪实**

编　　者 本书编写组
摄　　影 陆作兴 等
责任编辑 侯　明
出版发行 中国矿业大学出版社有限责任公司
（江苏省徐州市解放南路 邮编221008）
营销热线 (0516)83885370　83884103
出版服务 (0516)83884895　83884920
网　　址 http://www.cumtp.com　**E-mail:**cumtpvip@cumtp.com
印　　刷 苏州市古得堡数码印刷有限公司
开　　本 787 mm×1092 mm　1/8　**印张** 9　**字数** 49 千字
版次印次 2024年10月第1版　2024年10月第1次印刷
定　　价 65.00元

序

习近平总书记说：“一切向前走，都不能忘记走过的路”。历史是最好的教科书。中国矿业大学由北京搬迁四川建校办学的历程是一段与国家同呼吸共命运、坚定不移听党话跟党走、矢志报国的光辉历史。本书通过一幅幅生动的摄影作品，再现了学校内迁四川办学时期自力更生、艰苦奋斗、勤俭建校的真实场景，对于进一步挖掘学校办学史中的精神品质，激发广大师生继承发扬优良传统，加快学校事业发展，具有积极的促进作用。

中国矿业大学与中国工业化进程同步发展，与祖国一起成长，学校的发展史是与国家同向共进、与行业休戚与共、与地方同频共振的一部奋斗史。115 年来，中国矿业大学历经 14 次搬迁、12 次易名，筚路蓝缕，依然薪火相传，弦歌不辍，形成了“自强不息、艰苦奋斗、追求卓越”的矿大精神。1970 年 5 月，学校积极响应国家号召，从首都北京学院路整体搬迁至四川省合川县三汇坝镇。在三汇坝华蓥山上，近千名教职工心怀梦想、不畏艰难，自己动手开山采石造水泥，建起了 6 万多平方米的校舍，用忠诚和汗水创造了学校办学历史上的奇迹，谱写了一曲忠心为国的时代赞歌，树起了矿大人“干打垒”的精神丰碑，成为“教育革命的典型”。学校在四川三汇坝办学将近 10 年，走出了 5 位院士，培养了 3000 余名毕业生。1978 年，学校再次被确定为全国重点大学，并有 10 项科研成果获得“全国科学大会奖”，成为煤炭行业人才的摇篮。

陆作兴教授是中国矿业大学建筑学专业创始人之一，多年来致力于建筑学专业和环境艺术设计专业的教学工作，完整经历了学校从北京搬迁到三汇坝的 10 年办学历程，是这段历史的参与者和见证者。本书中收录的照片是陆作兴在院刊编辑部工作期间，用相机记录的宝贵图像资料，记录了学校搬迁至四川后艰苦建校办学的史实，展现了广大师生员工在逆境中发奋图强、不懈奋斗的精神品质。翻阅这些历史照片，享受一次穿越历史的精神之旅，可以让我们更加深刻地读懂矿大精神。

以史为鉴，开创未来。学校历史是取之不尽、用之不竭的精神和文化宝库。面向未来，让我们积极总结和大力弘扬学校内迁四川建校的“干打垒”精神，坚守“为党育人、为国育才”初心使命，抓住新时代新机遇，在新征程上续写矿大辉煌，为强国建设、民族复兴作出新的更大贡献！

宋学锋

2024 年 10 月

北京矿业学院主楼广场

北京矿业学院民族楼

1970 年 5 月，第二辆专列到达重庆上桥临时站，先期到达人员到站迎接。到达后，全院教职工及家属被安排到重庆、广安、岳池、小沔等地暂住，等待建校

1970 年 6 月，北京军宣队和校革委会负责人带领相关人员为学校选址

①

②

① 校址山下的村庄

② 这个山包当地叫“癞子包”，建校时大家称其为“革命堡”，这里将建设成为家属宿舍区

③

④

③ 校址选择的指导思想是要求“不占良田”，因此校址选择在三汇坝东面，华蓥山余脉白岩山下的几个山坡上

④ 这里将是校区中心，在这条山路的中部，将建成四川矿业学院的大门，是校区的主要出入口

四川矿业学院三汇坝校址总体原貌

先遣人员来到这里，在荒山
坡上冒雨搭建工棚（席棚）

工棚里面是二三十人的大通铺

先遣人员住的工棚

基础课教师在劳动间隙学习“公报”

采矿系教师在“465 高地”召开“学毛著讲用会”

军宣队员和教师一起在工棚里学习《毛主席语录》，称为“天天读”

基础课教师冒酷暑铺设钢管，引水下山

女教师说快板给大家加油

基础课教师正在连接引水管道

建校初期，施工和生活用水十分困难，教职工要到山下去挑水

赤膊上阵，向大山开战！教师们利用工程专业技术，开山、爆破、采石

地质系教师们在同顽石较劲，开采石材

就地开采大量石材，用来建造“干打垒”楼房

机电系教师利用休息时间讨论工作，看，男老师们光着臂膀，皮肤黝黑

机电系教师抢运水泥砂浆，他们的汗水在这里流淌

多装快跑，沸腾的工地

清理地基，巾帼不让须眉

女教师毫不示弱，同男教师一样奋力拉车运石上山

同心协力，战胜顽石

教务部门的老师们向
工人师傅请教砌墙技艺

教师和工人师傅
一起砌墙

机关干部向工人师傅
请教砌墙技艺

教师和工人师傅一起砌墙

木工师傅加工混凝土模板

特级厨师李清海

伙食科科长王鸿学（中）下厨房

老焊工张仁山

采矿系张素莲老师参加食堂劳动

席棚食堂正在卖饭

食堂师傅雨天为教职工送饭

教师利用业余时间养猪，改善生活

基础课教师和职工家属自研炸药，用两口大锅和两台石磨在简陋的席棚里办起了炸药厂，生产的炸药满足了建校开山采石之需

正在炒制炸药

正在装药

基础课教师自建石灰窑，生产石灰用于建校

当地驻军参加建校劳动

部分教师和家属办起矸石砖厂，制造建校矸石砖

住在小沔公社的教职工参加庆祝毛主席横渡长江 6 周年活动

准备渡江

胜利的微笑

公社欢送即将参加四川矿业学院建校的民工

出发前学习《毛主席语录》

民工在家乡集合，即将奔赴三汇坝参加四川矿业学院建校

民工从家乡集合整队出发

学校教职工做迎接民工到来的准备

参加建校的民工队伍奔赴三汇坝

女民工们喊着口号前进

教务部门的老师们准备迎接民工到来

民工们行进在上工路上

在山顶上开钻爆破

早晨上工的女民工步伐整齐，精神抖擞

建筑工地上，民工们抬着矿车前进

后勤工人师傅挑选石材

采矿系教师
和民工一起打造地基

打角石

争分夺秒，加紧浇灌钢筋混凝土楼板

在三汇坝山沟里，冒雨建校是常有的事

连夜施工也是常有的事

正在将楼板上的混凝土地面抹平

抬着混凝土上房，步步惊险

正在紧张地搅拌混凝土

在高空走廊上运送水泥砂浆

最后抹平楼面。“师傅们，老师们，抹平点，这是我们的家呀！”

民工们喊着号子行进

机械系主任杜鸿年教授参加建校劳动

机电系女教师孙玉蓉（右一）与民工一起劳动

韩德馨教授（左一）参加建校劳动

陈清如副教授（中）参加建校劳动

教师和工人师傅帮助当地农民架电线，办广播

教师帮当地农民挑粪积肥

采矿系领导班子研讨建校工作

机电系干部和教师们在建校工地现场研究工作

远处一位师傅站在屋脊梁上指挥，旁边两位老师抬着钢筋混凝土屋面瓦走在高空“独木桥”上，真让人捏一把汗

建房需要大量预制构件，教职工自己办起了预制构件厂

打预制梁

预制梁成品

体育系教师正在用振动器制作预制构件

机电系教师与民工一起制作预制构件

机电系教师和民工一起用振动器制作预制构件

教职工自建的四川矿业学院水泥厂外景

在山上取石（当地为石灰岩）生产水泥

工人师傅们正在维修水泥厂球磨机

繁忙的生产车间

球磨机维修保养

水泥厂工人装窑

这是存放水泥的仓库，学校自己生产的水泥实现自给自足

装运水泥

教师和民工正在抡锤打炮眼

繁忙的建校工地，紧张有序

人工抡镐，开辟上山道路

采石、加工、运输、砌墙一条龙

冒雨抢运沙灰

女同志不甘落后，抬石头上房

搬运大型预制构件

教师和民工一起推运石头

焊工们在焊接输水管

准备重新打开一号井，使其投入生产

校区附近被封闭的华蓥山南段一号井（平硐）

军宣队员和采矿专业教师来到一号井工地

军宣队负责人讲话

大会主席台

打开一号井硐口

推出第一车矸石

华蓥山南段一号井开工誓师大会

机械厂制造的第一辆“五七”牌卡车开进学校，人们夹道欢迎。
机械厂制造的两辆“五七”牌卡车，都用于建校，为建校立下汗马功劳

校机械厂大量设备留在重庆沙坪坝上桥，
建起了机械厂

机械厂生产了大量煤电钻，供应煤矿需要

敢想敢干，装配汽车

三汇坝的一条主街道，街道两旁都是小商铺

三汇坝主街上的跨河石桥，农民挑着自家的菜赶往集市

机电系教师在三汇坝宣传“公报”

建设工地现场

“革命堡”家属区第一栋住宅楼开工建设（校区最低点）

正在施工的家属宿舍（外走廊）

在高空边缘作业

未装窗框的宿舍楼

已初具规模的“革命堡”家属区

正在建设中的“革命堡”家属区

“革命堡”下面最早建好的两栋宿舍楼

左上方是教学楼、图书馆，中部是宿舍楼，右上方是中小学楼。半山腰这条路是校区中门通往重庆市的唯一道路

两排宿舍楼中间是一个上山坡道，有 300 个台阶，被老师们称为“天梯”。教职工上下班、孩子们上学放学，每天都要爬两个来回

学生宿舍楼和教学楼

兴建中的实验楼

这是正在施工的办公楼。由建筑结构专业教师组成的设计班子因地制宜，创造了许多符合干打垒建筑的施工的做法

四川矿业学院办公楼

四川矿业学院办公楼，右边是红旗楼局部，也叫单身宿舍楼

在小学院儿内召开的“庆祝毛主席‘五·七’指示发表五周年”大会会场

这是俯视图，左边那个四合院是中小学楼，大家都称之为“小学院儿”，这里是全院召开大型会议和开展文体活动的中心；中部是学生宿舍；右下角是正在施工中的学生宿舍楼

四川矿业学院全景图。承载着无数教职工心血和汗水的校园基本建成

课间休息，附属中小学的学生都在小学院儿里做广播体操

少先队员入队仪式

小学院儿里，正在举行少先队员入队仪式

这个只能放下一个篮球场的小学院儿又是体育活动中心，孩子们正在进行拔河比赛

中小学生经常开展节约活动，回收废铁丝

附属中小学的老师们进行拔河比赛

学生们做课间广播体操

矿院教工篮球队在艰苦条件下，仍坚持训练，经常在小学院儿篮球场举行篮球比赛，矿院篮球队曾经战胜过重庆体工队，轰动一时

艰苦的条件下，孩子们的快乐时光

小学院儿又是文化活动中心。粉碎“四人帮”以后，人们畅抒情怀，这是师生在用预制楼板搭起的舞台上演出话剧《于无声处》

重庆市领导视察建校情况

四川省相关领导视察建校情况

四川省部分高校组织参观团来校参观

热烈欢迎工农兵学员

矿领导为学员们送行

工农兵学员行进在上学路上

老师们热情等待工农兵学员到来

矿院教职工和附属中小学的孩子们夹道欢迎 1972 级工农兵学员入校

漫山遍野，旌旗招展，停招 6 年后，大学生队伍终于进入四川矿业学院的校园

附属中小学的孩子们喊得最起劲，他们老早就自己动手做好了花束和花环

1972 年 3 月，四川矿业学院召开首批工农兵学员开学典礼

激动而幸福的工农兵学员

参加重庆市欢迎首批工农兵上大学大会的学员在排队入场

老教师辅导藏族女学员

老教师与工农兵学员亲切交谈

藏族班学员在认真学习

基础课数学教研室的教师在简陋拥挤的工棚集体宿舍里备课

学员们交流学习体会，促进共同进步

数学教研室的教师在进行教学研究，讲解人是李安昌老师

王树仁老师为学生作学术报告

北京矿业学院（那时校名还没改为四川矿业学院）召开首届活学活用毛泽东思想积极分子、四好单位、五好个人代表大会（简称“三代会”）。

冒雨欢送参加“三代会”的代表

“三代会”会场

“三代会”代表传达会议精神

北京矿业学院首届“三代会”部分代表合影（一）

北京矿业学院首届“三代会”部分代表合影（二）

北京矿业学院首届“三代会”部分代表合影（三）

中国共产党四川矿业学院第七次代表大会代表合影（1972 年 11 月）

后记

《四川矿业学院建校办学摄影纪实》（以下简称《摄影纪实》）经过多方努力，终于结集出版了。这本《摄影纪实》收录了陆作兴老师等人拍摄的四川矿业学院建校办学时期的部分老照片，通过生动、真实的图像资料，多维度再现那段办学历史中矿大人的执着与坚守。一幅幅生动的历史画面让我们跨越时空，深刻体悟百年学府精神品格散发出的浓郁芬芳。

1970 年 5 月，在全国备战备荒的紧张氛围和院校外迁的大背景下，学校响应国家号召，从北京搬迁四川。在不到半个月的时间里，数千名教职工和家属及急用物资从北京转移到四川，并分散到各处安置。1970 年 6 月 8 日，四川省革命委员会批准学校新址设在三汇坝镇东面，华蓥山余脉的白岩山下癞子包以上区域，占地 388 亩，其中耕地 114.5 亩、非耕地 273.5 亩，地势以斜坡为主，高差 120 多米。1970 年 7 月 1 日，艰苦卓绝的开山建校工作拉开帷幕。

在这段战天斗地的建校历程中，三尺讲台上的人类灵魂工程师变身赤膊上阵的建筑工人，付出了常人难以想象的智慧和汗水。从建筑设计、技术落实到开山放炮、运石架梁，几乎都是教职工们亲自动手完成。校舍就地取材，全部采用“干打垒”方式建造楼房。开山没有炸药，就用两口大锅、一台石磨自制炸药；盖房子没有砂浆，就自造磨粉机；铺设楼面没有预制构件，就自制搅拌机、振动器，在山脚下建起了预制构件厂；垒砌门窗转角没有规整的砖头，就利用煤矿弃置的煤矸石办起了小型矸石砖厂；工地上缺乏器具设备，就自己动手大搞技术革新，自制了土索道、土翻车等简易机械设备……短短一年半时间，盖起了“干打垒”楼房 30 多幢，共 4 万多平方米的校舍。到 1973 年，学院主体工程建设基本完成。在建设校园的同时，广大师生克服困难坚持开展育人和科研工作，工地上、工棚里都留下了教师循循善诱、学生勤学苦读的身影，他们用实际行动谱写了华蓥山下“爱国、报国、兴国”的壮丽诗篇。1978 年 2 月 17 日，国务院转发教育部《关于恢复和办好全国重点高等学校的报告》，文件确定了 88 所高校为全国重点高等学校，四川矿业学院名列其中。

四川矿业学院建校办学的那段峥嵘岁月是学校发展进程中一座不朽的精神丰碑。这种精神已经融入矿大的精神血脉，必将激励我们勇做新时代的奋斗者，为加快建设能源资源特色世界一流大学、全面建设社会主义现代化国家、全面推进中华民族伟大复兴贡献力量！

这本《摄影纪实》的编撰工作得到了学校领导的重视和关怀。校党委书记刘波、原校长宋学锋、校党委副书记蔡世华先后多次给予具体指导。校党委宣传部部长陈文、副部长许臣组织落实编辑出版工作，韩玮、陈东、孙凌杉等 3 位老师参与了图文校对工作。教育发展基金会给予了专项资金支持，档案馆提供了照片的电子版本，陆作兴老师作为这批照片主要拍摄者，亲自负责照片的筛选、编排及文字备注，离退休处王雨辰老师参与了部分照片文字备注的校对工作，在此一并致谢。

照片记录的场景距今已经 50 多年了，其中涉及的文字说明等难免存在疏漏和不妥之处，敬请广大读者批评指正。

编者

2024 年 10 月